2021

jan
s	m	t	w	t	f	s
					1	2
3	4	5	6	7	8	9
10	11	12	13	14	15	16
17	18	19	20	21	22	23
24	25	26	27	28	29	30
31						

feb
s	m	t	w	t	f	s
	1	2	3	4	5	6
7	8	9	10	11	12	13
14	15	16	17	18	19	20
21	22	23	24	25	26	27
28						

mar
s	m	t	w	t	f	s
	1	2	3	4	5	6
7	8	9	10	11	12	13
14	15	16	17	18	19	20
21	22	23	24	25	26	27
28	29	30	31			

apr
s	m	t	w	t	f	s
				1	2	3
4	5	6	7	8	9	10
11	12	13	14	15	16	17
18	19	20	21	22	23	24
25	26	27	28	29	30	

may
s	m	t	w	t	f	s
						1
2	3	4	5	6	7	8
9	10	11	12	13	14	15
16	17	18	19	20	21	22
23	24	25	26	27	28	29
30	31					

jun
s	m	t	w	t	f	s
		1	2	3	4	5
6	7	8	9	10	11	12
13	14	15	16	17	18	19
20	21	22	23	24	25	26
27	28	29	30			

jul
s	m	t	w	t	f	s
				1	2	3
4	5	6	7	8	9	10
11	12	13	14	15	16	17
18	19	20	21	22	23	24
25	26	27	28	29	30	31

aug
s	m	t	w	t	f	s
1	2	3	4	5	6	7
8	9	10	11	12	13	14
15	16	17	18	19	20	21
22	23	24	25	26	27	28
29	30	31				

sep
s	m	t	w	t	f	s
			1	2	3	4
5	6	7	8	9	10	11
12	13	14	15	16	17	18
19	20	21	22	23	24	25
26	27	28	29	30		

oct
s	m	t	w	t	f	s
					1	2
3	4	5	6	7	8	9
10	11	12	13	14	15	16
17	18	19	20	21	22	23
24	25	26	27	28	29	30
31						

nov
s	m	t	w	t	f	s
	1	2	3	4	5	6
7	8	9	10	11	12	13
14	15	16	17	18	19	20
21	22	23	24	25	26	27
28	29	30				

dec
s	m	t	w	t	f	s
			1	2	3	4
5	6	7	8	9	10	11
12	13	14	15	16	17	18
19	20	21	22	23	24	25
26	27	28	29	30	31	

Notes:

2022

jan
s	m	t	w	t	f	s
					1	2
3	4	5	6	7	8	9
10	11	12	13	14	15	16
17	18	19	20	21	22	23
24	25	26	27	28	29	30
31						

feb
s	m	t	w	t	f	s
		1	2	3	4	5	6
7	8	9	10	11	12	13
14	15	16	17	18	19	20
21	22	23	24	25	26	27
28						

mar
s	m	t	w	t	f	s
		1	2	3	4	5	6
7	8	9	10	11	12	13
14	15	16	17	18	19	20
21	22	23	24	25	26	27
28	29	30	31			

apr
s	m	t	w	t	f	s
				1	2
3	4	5	6	7	8	9	10
11	12	13	14	15	16	17
18	19	20	21	22	23	24
25	26	27	28	29	30	

may
s	m	t	w	t	f	s
						1
2	3	4	5	6	7	8
9	10	11	12	13	14	15
16	17	18	19	20	21	22
23	24	25	26	27	28	29
30	31					

jun
s	m	t	w	t	f	s
			1	2	3	4	5
6	7	8	9	10	11	12
13	14	15	16	17	18	19
20	21	22	23	24	25	26
27	28	29	30			

jul
s	m	t	w	t	f	s
					1	2	3
4	5	6	7	8	9	10
11	12	13	14	15	16	17
18	19	20	21	22	23	24
25	26	27	28	29	30	31

aug
s	m	t	w	t	f	s
1	2	3	4	5	6	7
8	9	10	11	12	13	14
15	16	17	18	19	20	21
22	23	24	25	26	27	28
29	30	31				

sep
s	m	t	w	t	f	s
				1	2	3	4
5	6	7	8	9	10	11
12	13	14	15	16	17	18
19	20	21	22	23	24	25
26	27	28	29	30		

oct
s	m	t	w	t	f	s
					1	2
3	4	5	6	7	8	9
10	11	12	13	14	15	16
17	18	19	20	21	22	23
24	25	26	27	28	29	30
31						

nov
s	m	t	w	t	f	s
		1	2	3	4	5	6
7	8	9	10	11	12	13
14	15	16	17	18	19	20
21	22	23	24	25	26	27
28	29	30				

dec
s	m	t	w	t	f	s
				1	2	3	4
5	6	7	8	9	10	11
12	13	14	15	16	17	18
19	20	21	22	23	24	25
26	27	28	29	30	31	

Notes:

DEC

28 mon

29 tue

30 wed

JAN

thu 31

New Year's Day
fri 1

2 sat

sun 3

JAN

4 mon

5 tue
- Tone of voice induction - 14:00 - 15:00

6 wed

JAN

thu 7
- Catch up with Cath - 10:30

fri 8

9 sat

sun 10

JAN

11 mon

12 tue
- Sign Now Training 2:00-3:00.

13 wed

JAN

thu **14**

fri **15**

16 sat

sun **17**

JAN

Martin Luther King Day
18 mon

19 tue

20 wed

JAN

thu 21

fri 22

23 sat

sun 24

JAN

25 mon
- Lexis Nexis training – 3:00 – 4:00
- Company incorporation training – 2:30 – 3:00

26 tue
- SCL – IT Contracts 101 event – 3:00 – 4:00

27 wed
- Lexis training – 12:00 – 1:00

JAN

thu 28

fri 29

30 sat

sun 31

FEB

1 mon

2 tue

- Food and Drink IP Presentation - 2:00 - 3:00

3 wed

FEB

thu 4

fri 5

6 sat

sun 7

FEB

8 mon

9 tue

10 wed

FEB

thu **11**

Abraham Lincoln's Birthday / Chinese New Year

fri **12**

13 sat

Valentine's Day

sun **14**

FEB

President's Day
15 mon

16 tue

Ash Wednesday
17 wed

FEB

thu 18

fri 19

20 sat

sun 21

FEB

22 mon

23 tue

24 wed

FEB

thu 25

fri 26

27 sat

sun 28

MAR

First Day Of Spring

1 mon

2 tue

3 wed

MAR

thu 4

fri 5

6 sat

sun 7

MAR

8 mon

9 tue

10 wed

MAR

thu 11

fri 12

13 sat

Daylight Saving Time Begins
sun 14

MAR

15 mon

16 tue

St Patrick's Day
17 wed

MAR

thu **18**

fri **19**

Vernal Equinox
20 sat

sun **21**

MAR

22 mon

23 tue

24 wed

MAR

thu 25

fri 26

Passover
27 sat

Palm Sunday
sun 28

MAR

29 mon

30 tue

31 wed

Team Meeting : 10:30 - 11:00

APR

April Fool's Day
thu 1

Good Friday
fri 2

3 sat

Easter Day
sun 4

APR

5 mon

6 tue

7 wed

APR

thu 8

fri 9

10 sat

sun 11

APR

12 mon

Ramadan Begins
13 tue

14 wed

APR

thu 15

fri 16

17 sat

sun 18

APR

19 mon

20 tue

21 wed

APR

thu 22

fri 23

24 sat

sun 25

APR

26 mon

Passover
27 tue

28 wed

MAY

thu 29

fri 30

1 sat · sun 2

MAY

3 mon

4 tue

5 wed

MAY

thu 6

fri 7

8 sat

Mother's Day
sun 9

MAY

10 mon

11 tue

12 wed

MAY

thu 13

fri 14

15 sat

sun 16

MAY

17 mon

18 tue

19 wed

MAY

thu 20

fri 21

22 sat

Pentecost
sun 23

MAY

24 mon

25 tue

26 wed

MAY

thu 27

fri 28

29 sat

sun 30

JUN

Memorial Day
31 mon

1 tue

2 wed

JUN

thu 3

fri 4

5 sat

sun 6

JUN

7 mon

8 tue

9 wed

JUN

thu **10**

fri **11**

12 sat

sun **13**

JUN

Flag Day
14 mon

15 tue

16 wed

JUN

thu 17

fri 18

19 sat

Father's Day
sun 20

JUN

June Solstice
21 mon

22 tue

23 wed

JUN

thu 24

fri 25

26 sat

sun 27

JUN

28 mon

29 tue

30 wed

JUL

thu 1

fri 2

3 sat

Independence Day
sun 4

JUL

5 mon

6 tue

7 wed

JUL

thu 8

fri 9

10 sat

sun 11

JUL

12 mon

13 tue

14 wed

JUL

thu 15

fri 16

17 sat

sun 18

JUL

19 mon

20 tue

21 wed

JUL

thu 22

fri 23

24 sat

sun 25

JUL

26 mon

27 tue

28 wed

AUG

thu 29

fri 30

31 sat

sun 1

AUG

2 mon

3 tue

4 wed

AUG

thu 5

fri 6

7 sat

sun 8

AUG

9 mon

10 tue

11 wed

AUG

thu 12

fri 13

14 sat

sun 15

AUG

16 mon

17 tue

18 wed

AUG

thu 19

fri 20

21 sat

sun 22

AUG

23 mon

24 tue

25 wed

AUG

thu 26

fri 27

28 sat

sun 29

SEP

30 mon

31 tue

1 wed

SEP

thu 2

fri 3

4 sat

sun 5

SEP

Labor Day (USA)
6 mon

Rosh Hashanah
7 tue

8 wed

SEP

thu 9

fri 10

11 sat

sun 12

SEP

13 mon

14 tue

15 wed

SEP

thu 16

fri 17

18 sat

sun 19

SEP

20 mon

21 tue

Autumn Equinox
22 wed

SEP

thu 23

fri 24

25 sat

sun 26

SEP

27 mon

28 tue

29 wed

OCT

thu 30

fri 1

2 sat

sun 3

OCT

4 mon

5 tue

6 wed

OCT

thu 7

fri 8

9 sat

sun 10

OCT

Columbus Day
11 mon

12 tue

13 wed

OCT

thu 14

fri 15

16 sat

sun 17

OCT

18 mon

19 tue

20 wed

OCT

thu 21

fri 22

23 sat

sun 24

OCT

25 mon

26 tue

27 wed

OCT

thu 28

fri 29

30 sat

Halloween
sun 31

NOV

1 mon

2 tue

3 wed

NOV

thu 4

fri 5

6 sat

sun 7

NOV

8 mon

9 tue

10 wed

NOV

Veterans Day
thu 11

fri 12

13 sat

sun 14

NOV

15 mon

16 tue

17 wed

NOV

thu 18

fri 19

20 sat

sun 21

NOV

22 mon

23 tue

24 wed

NOV

Thanksgiving
thu 25

fri 26

27 sat

Hanukkah
sun 28

DEC

29 mon

30 tue

1 wed

DEC

thu 2

fri 3

4 sat

sun 5

DEC

6 mon

7 tue

8 wed

DEC

thu 9

fri 10

11 sat

sun 12

DEC

13 mon

14 tue

15 wed

DEC

thu 16

fri 17

18 sat

sun 19

DEC

20 mon

Winter Solstice
21 tue

22 wed

DEC

thu 23

fri 24

Christmas Day
25 sat

Boxing Day / Kwanzaa Begins
sun 26

DEC

27 mon

28 tue

29 wed

DEC

thu 30

New Year's Eve
fri 31

New Year's Day
1 sat

sun 2

Holidays	2021	2022
New Year's Day	Jan 1	Jan 1
Martin Luther King Day	Jan 18	Jan 17
Chinese New Year	Feb 12	Feb 1
Abraham Lincoln's Birthday	Feb 12	Feb 12
Valentine's Day	Feb 14	Feb 14
President's Day	Feb 15	Feb 21
Ash Wednesday	Feb 17	Mar 2
St. Patrick's Day	Mar 17	Mar 17
Passover	Mar 27	Apr 15
Palm Sunday	Mar 28	Apr 10
April Fool's Day	Apr 1	Apr 1
Good Friday	Apr 2	Apr 15
Easter	Apr 4	Apr 17
Patriots Day	Apr 19	Apr 18
Earth Day	Apr 22	Apr 22
Mother's Day	May 9	May 8
Memorial Day	May 31	May 30
Flag Day	Jun 14	Jun 14
Father's Day	Jun 20	Jun 19
First Day of Summer	Jun 21	Jun 21
Independence Day	Jul 4	Jul 4
Labor Day (USA)	Sep 6	Sep 5
Rosh Hashanah	Sep 6	Sep 25
First Day of Autumn	Sep 22	Sep 23
Yom Kippur	Sep 15	Oct 4
Columbus Day	Oct 11	Oct 10
Halloween	Oct 31	Oct 31
Veterans Day	Nov 11	Nov 11
Thanksgiving Day	Nov 25	Nov 24
Hanukkah	Nov 28	Dec 18
First Day of Winter	Dec 21	Dec 21
Christmas Day	Dec 25	Dec 25
Boxing Day / Kawanzaa Begins	Dec 26	Dec 26
New Year's Eve	Dec 31	Dec 31

Printed in Poland
by Amazon Fulfillment
Poland Sp. z o.o., Wrocław